BEI GRIN MACHT SICH IHR WISSEN BEZAHLT

Laura Hordoan

Herausforderungen an den Mathematikunterricht

zu Beginn der Sekundarstufe I am Gymnasium

GRIN Verlag

Bibliografische Information der Deutschen Nationalbibliothek:

Die Deutsche Bibliothek verzeichnet diese Publikation in der Deutschen National-
bibliografie; detaillierte bibliografische Daten sind im Internet über http://dnb.d-
nb.de/ abrufbar.

Impressum:

Copyright © 2013 GRIN Verlag GmbH
Druck und Bindung: Books on Demand GmbH, Norderstedt Germany
ISBN: 978-3-656-47877-5

Dieses Buch bei GRIN:

http://www.grin.com/de/e-book/231356/herausforderungen-an-den-mathematik-
unterricht

Freie Universität Berlin

Hausarbeit im Seminar: Mathematik Didaktik

1. Semester, 2012/2013

Freie Universität Berlin

Herausforderungen an den Mathematikunterricht
zu Beginn der Sekundarstufe I
am Gymnasium

Verfasserin: Hordoan, Laura

Abgabe: 28.02.2013

Inhaltsverzeichnis

1. Einleitung 2

2. Prämissen des Mathematikunterrichts für die Sek I 3

2.1 Erstes mathematisches Denken 3

2.2 Grundlagen aus der Primarstufe..4

3. Mathematikunterricht in der Sekundarstufe I gestalten 10

3.1 Curriculare Vorgaben 10

3.2 Unterrichtsmaterial und Aufgabenstellung 12

3.3 Leistungsunterschiede und Differenzierung 13

3.4 Diagnose und Leistungsbewertung...14

4. Emotionales Lernen im Mathematikunterricht..15

4.1 Angst vermeiden..15

4.2 Freude steigern..16

5. Kommunikation im Mathematikunterricht..17

5.1 Fachsprache Mathematik 17

5.2 Miteinander kommunizieren..19

6. Fazit..20

7. Literatur- und Quellenverzeichnis...21

1. Einleitung

Mathematik ist verpönt und gilt im Allgemeinen als *nicht anschaulich. Sie lässt wenig Raum für Kreativität, da Probleme gelöst werden müssen, die schon eine Ideallösung haben, auf die man natürlich von selber nicht kommt* – diese verbreitete Vorstellung führt dazu, dass Mathematik als Fach abgelehnt wird. Selbst Jahre später zucken ehemalige Lerner[1] zusammen, wenn man sie bei einem Elternabend fragt, was sie vom Mathematikunterricht erwarten. Die Eltern wünschen sich für ihre Kinder nicht nur ein Gefühl für Zahlen und ein mathematisches Grundverständnis, sondern auch Spaß am Unterricht und eine angstfreie Lernatmosphäre (vgl. Wittmann 2004). Gerade beim Übergang von der Grundschule auf die weiterführende Schule treten aber Probleme auf[2].

Diese Hausarbeit gibt einen Überblick über die Herausforderungen, denen der Mathematikunterricht der Sekundarstufe I begegnet und verfolgt die Idee, dass die so oft beklagte Unfähigkeit der Schüler ein Missverständnis ist und dass diese Herausforderungen vielmehr in Zusammenarbeit von unterrichtender Lehrkraft und Schüler erfolgreich gemeistert werden können. Von besonderem Interesse ist in dieser Arbeit die Bruchrechnung, da diese in mehreren Gesprächen mit Fachkollegen als das Hauptproblem heraus kristallisiert hat, das sich anscheinend wie ein roter Faden durch den Mathematikunterricht der Sekundarstufe I zieht. Anhand der Ergebnisse der Lernausgangslage wird in Kapitel 2 der Problemfall *Bruchrechnung* in Frage gestellt.

Relevant für diese Arbeit sind jedoch nicht nur Lern- sondern auch Lehrschwierigkeiten. Die Ausführungen in Kapitel 3 gehen von der Grundidee aus, dass *mathematische Begabung* entwicklungsfähig ist und dass die Schule die Chance und die Verantwortung zugleich hat, die geistige und seelische Entwicklung eines Kindes zu fördern, eine Vorstellung über Zahlen und Größen zu bilden, die Fähigkeit zu formen, Zusammenhänge zu erkennen und Probleme zu lösen, weiterhin mathematisch zu kooperieren und vor allem auch zu kommunizieren. Es werden Einsichten in die Unterrichtsgestaltung und in die individuelle Förderung der Lerner gegeben.

Wie der Titel der Hausarbeit andeutet, ist das Unterrichten der Mathematik als authentisches Fach im Zusammenspiel von Bildungsstandards und Curriculum und der Lehrerpersönlichkeit, unter Berücksichtigung vieler individueller Lerner, eine Herausforderung. Zwischen der Lernausgangslage zu Beginn der Klasse 7 bis zur Kompetenzstandmessung in VERA 8 steht der Unterrichtende vor der Aufgabe,

---

[1] Um eine bessere Lesbarkeit dieser Arbeit zu gewährleisten wird ausschließlich die männliche Form der Ansprache gewählt, z.B. Schüler, weibliche Adressaten und Schülerinnen sind immer mit angesprochen und mitgemeint.
[2] Oft wird bei Kindern Rechenschwäche vermutet. Es ist ein (zu) schnell gefälltes Urteil und es spiegelt nicht die Bandbreite der damit verbundenen Kompetenzschwächen der Schüler im Fach Mathematik.

Kompetenzlücken ausfindig zu machen und zu schließen, dabei die kognitiven Fähigkeiten und Fertigkeiten in realitätsnahen Kontexten aus der Lebenswelt der Schüler erfolgreich zu trainieren und Aufgaben auszuwählen und zu konzipieren, die von den Lernenden diese Kompetenzen erfordern, um zu einer Lösung zu gelangen. Kapitel 4 beschäftigt sich mit der emotionalen Komponente des Lernens. Der Zusammenhang zwischen dem Erwerb von mathematischen Kompetenzen, dem Verständnis von mathematischen Grundvorstellungen und der Sprachkompetenz von Schülern wird in Kapitel 5 näher erläutert.

2. Prämissen des Mathematikunterrichts für die Sek I

Die erste Herausforderung zu Beginn der 7. Klasse besteht darin, den Schüler so anzunehmen, wie der aus der Grundschule kommt. Zunächst gilt es anzuerkennen, dass das *lernende* Kind einen anderen Zugang zu Mathematik hat, als man selber *als Lehrender.* Anschließend muss festgestellt werden, welche inhaltlichen Voraussetzungen die Kinder mitbringen. Selter und Spiegel beschreiben eindrücklich in Ihrem Buch *Kinder und Mathematik* wie anders Kinder denken und plädieren für mehr Verständnis für die *anderen* Sichtweisen der jungen Lerner (vgl. Selter, Spiegel 2003).

2.1 Erstes mathematisches Denken

Aus der Grundschule bringen die Schüler eine Grundvorstellung und ein allgemeines Zahlenverständnis mit, sodass gewisse Basiskompetenzen zu Beginn der Sekundarstufe I vorausgesetzt werden können. Um die jungen Lerner umfassend zu fördern, müssen wir als Lehrer ihre Verschiedenheit[3] und ihre Individualität annehmen und durch Differenzierung im Unterricht sie in ihrer Lernentwicklung unterstützen, indem Stärken erkannt und gefördert und Nachteile durch Fördermöglichkeiten ausgeglichen werden.

Gerade im Anfangsunterricht geht die Sensibilität dafür verloren, die Denkweise der Schüler anzuerkennen, meint man doch zu oft als Lehrer, dass triviale Rechenoperationen wie die Addition oder die Multiplikation eindeutige Rechenwege haben. Was aber in der eigenen Perspektive banal erscheint, stellt für junge Lerner ggf. eine gehobene Herausforderung dar und eröffnet ihnen eine neue Welt. Deshalb gilt es, vor allem lernschwächere Schüler nicht zu demotivieren, auch wenn sie mehr Zeit für das Formulieren ihrer Gedanken brauchen. Prozessorientiert zu unterrichten heißt, die Lerner immer wieder dazu zu ermutigen, *es* zu versuchen, Positives anzuerkennen und Fehler als Basis für den Aufbau neuer Erkenntnisse zu nutzen.

---

[3] Eine umfassende Analyse des mathematischen Denkens eines Grundschülers kann diese Arbeit nicht leisten, jedoch kann an dieser Stelle fest gehalten werden, dass Kinder grundsätzlich anders denken und einen anderen Zugang zu Zahlen und Rechenaufgaben haben als Erwachsene.

Dafür brauchen alle Beteiligten Geduld und Ausdauer. Auch Selter und Spiegel plädieren für das Zulassen ‚falscher' Lösungswege, sie fördern die Kreativität der Lerner, da sie zum eigenständigen Denken und kreativen Problemlösungsstrategien angeregt werden (vgl. Selter, Spiegel 2003). Selbst bei – für Erwachsene *unsinnigen* Aufgaben – versuchen die Lerner immer, einen Sinn zu konstruieren und sind bereits in jungen Jahren daran gewöhnt, *irgendetwas zu rechnen*, auch wenn die Sachaufgabe ihnen nicht unmittelbar einleuchtet[4]. Bei Fehlern fordern Selter und Spiegel deshalb, sich als Unterrichtender die Mühe zu machen, den Sinn dahinter zu entdecken (vgl. Selter, Spiegel 2003, S.43). In Hospitationsstunden konnte ich beobachten, dass Schüler nicht *mehr* denken und vermuten wollen, sondern sich darauf freuen, im Gymnasium endlich einen Taschenrechner benutzen zu dürfen, sie erleben das Eintippen einfacher Rechenoperationen als Entlastung. Für das Fördern des Lernprozesses ist es jedoch besser, wenn Kinder die Aufgaben mit anderen Mitteln lösen und sich selber einen Weg überlegen. Sie bauen damit ein langfristig erfolgreicheres Wissensnetz (ggf. mit *Eselsbrücken*) auf, das für sie hilfreicher ist, als das Anhäufen von Fakten und vorgegebenen Denkstrukturen (vgl. Selter, Spiegel 2003, S.26-35). Es erfordert Mut, den Lerner nicht alles zu erlauben und nicht alles vorzusagen, Vertrauen in die eigene Denkfähigkeit der Lerner zu stärken und geduldig darauf zu warten, dass sie, obwohl sie Fehler machen, von selber auf die richtige Lösung kommen.

2.2 Grundlagen aus der Primarstufe

„Dann kam der Übergang ans Gymnasium. Dort sollte nun wieder auf das aufgebaut werden, was wir in der Förderstufe gelernt hatten. Nun ja, das war nicht viel."[5]

Der Berliner Rahmenlehrplan der Grundschule sieht am Ende der Jahrgangsstufe 6 vor, dass die Schüler allgemeine mathematische Fähigkeiten vorweisen können, Sachverhalte beschreiben und dabei mathematische Fachbegriffe benutzen können, weiterhin erkennen sie Zusammenhänge, die sie beschreiben und begründen können und sie sind auch theoretisch fähig, Sachtexten relevante Informationen zu entnehmen. Laut Rahmenlehrplan stellen die Grundschüler auch ihre Lösungsprozesse dar, kommentieren und reflektieren diese. Neben *Form und Veränderung*, *Größen und Messen* und *Daten und Zufall* sind *Zahlen und Operationen* wichtige mathematische

---

[4] Gerne zitiert wird in diesem Zusammenhang die *Kapitänsaufgabe*: „Ein Hirte hat 19 Schafe und 13 Ziegen. Wie alt ist der Hirte?" (Selter, Spiegel 2003, S.8). Dieses Beispiel hat es zu einer gewissen Berühmtheit in der Mathematikpädagogik gebracht. Selter und Spiegel dokumentieren sehr anschaulich, dass Kinder sehr bemüht sind, auch für solche Aufgaben eine Lösung zu finden; beim Nachfragen wird klar, dass die Kinder die Unvereinbarkeit der Realität mit der Aufgabe erkennen und sich eine ganze Geschichte ausdenken um auf eine plausible Lösung zu kommen, wohlwissend, dass man von ihnen eine erwartet. Die Autoren erklären dieses Verhalten damit, dass die Kinder Mathematik als ein *Spiel mit künstlichen Regeln* betreiben, das mit der Realität wenig gemein hat (vgl. Selter, Spiegel 2003, S.8-15).
[5] Aus der Lernbiographie einer Schülerin, Jahnke 2004, S.5.

4

Standards, welche die Schüler am Ende der Jahrgangsstufe 6 in die Sekundarstufe I mitbringen. Für den Bereich der gebrochenen Zahlen sollen die Schüler Zuordnungen erkennen und mit Brüchen rechnen sowie Sachaufgaben zur Proportionalität lösen können (vgl. RLP GS[6], S.21-22).

In den Jahrgangsstufen 5 und 6 entdecken die Schüler den Bereich der gebrochenen Zahlen als Zahlbereichserweiterung der natürlichen Zahlen. Sie lernen den Dezimalbruch und den gemeinen Bruch als unterschiedliche Schreibweisen für den Bruchteil als Anteil eines Ganzen kennen (vgl. RLP GS, S.29). Dabei werden unterschiedliche Erklärungen und Formen der Veranschaulichung bemüht. Nicht alle Materialien und gängigen Unterrichtswerke, die in der Grundschule verwendet werden, sind aber in der Darstellungsform schülerfreundlich gestaltet. Beim Sichten der Arbeitsbücher für den Mathematikunterricht der Grundschule fällt auf, dass ein junger Lerner nicht ohne weitere Hilfe einen Bruch als Anteil von Etwas versteht, Addition als Hinzufügen begreift oder nachvollziehen kann, was Kürzen und Erweitern bedeutet, was einen echten vom unechten, oder gleichnamigen von einem ungleichnamigen Bruch unterscheidet. Weil vor allem die fehlende Bruchrechnung bei den Schülern kritisiert wird, lohnt es sich, gerade in diesem Bereich, die Schulbücher etwas genauer zu untersuchen. Beispiele werden im Folgenden in einzelnen Auszügen verdeutlicht kommentiert.

Zum Erinnern

$\frac{99}{100}$ echt

$\frac{101}{100}$ unecht

Bei diesem Beispiel könnte der Lerner auf die Idee kommen, dass diese Bezeichnung etwas mit den Hunderter Brüchen zu tun hat.

Abbildung 2: Elemente der Mathematik 6. 2006 S.7

Abbildung 3: Beispiele zum Bruchrechnen aus: Lambacher Schweizer. Mathematik für Gymnasien 6, 2007

Der **Zähler** „zählt" die Teile.

Bruchstrich $\frac{3}{4}$

Der **Nenner** „nennt" die Art eines Teiles.

Hier ist unklar, was mit dieser Erklärung gemeint ist. Vor allem *nennt die Art eines Teiles* ist selbst für einen Erwachsen, der weiß, was damit bezeichnet werden soll, nicht schlüssig. Deutlicher wäre ggf. *nennt die Teile, die ein Ganzes formen* (S.36).

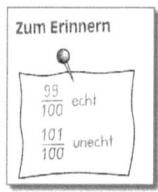

Das Erweitern und das Kürzen eines Bruchs wird zwar hier graphisch dargestellt, jedoch ist in diesem Fall die Verbildlichung (*mal* oder *geteilt* rechnen) mit den Kreissegmenten eher irreführend (S.40).

Bei der Division 28:4 bleibt kein Rest. Dafür sagt man auch:

	28 ist **teilbar** durch 4
oder	4 **teilt** 28
oder	4 ist ein **Teiler** von 28
oder	28 ist ein **Vielfaches** von 4.

Diese vier Aussagen bedeuten alle dasselbe.

Auch die Aussage links (S.10) ist nicht altersgerecht. Es wird nicht klar, auf was sich welche

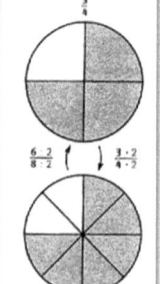

Aussage bezieht. Anschaulicher wäre eine Darstellung, in dem man z.B. schreibt 28:4 oder 4 | 28 und dann mit Pfeilen auf die Zahlen zeigt um graphisch deutlich zu machen, auf welchen Aspekt sich die Aussage bezieht.

Es gibt aber auch inhaltlich gelungene Buchgestaltungen, das belegen beispielhaft die Auszüge aus dem Mathematikbuch Sekundo 6: Sowohl die Erklärungen als auch die Aufgabenstellung sind gelungen, da sie sich inhaltlich an der Lebenswelt der Schüler orientieren und darüber hinaus sinnvoll graphisch unterstützt werden.

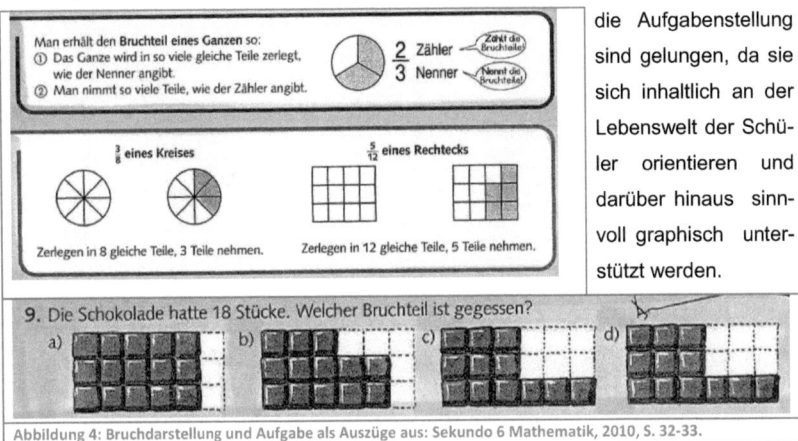

Abbildung 4: Bruchdarstellung und Aufgabe als Auszüge aus: Sekundo 6 Mathematik, 2010, S. 32-33.

Das Mathematikbuch 6 Lernumgebungen[7] ist ein weiteres Schülerbuch, das so gestaltet ist, dass die Sachverhalte für die Schüler logisch nachvollziehbar werden lässt und der Lerner auch zuhause nacharbeiten kann. Wirken die meisten gängigen Lehrwerke überfrachtet und auf den ersten Blick überladen, so bietet dieses Unterrichtsbuch eine Version, die auf das Wesentliche reduziert ist. Es wird auf eine Fülle von Aufgabenformaten und Alternativerklärungen zugunsten der Transparenz und der Übersichtlichkeit verzichtet. Die Idee dahinter ist es, ein Thema auf jeweils eine Doppelseite und eine Lernumgebung zu beschränken. Die Schüler können selbst etwas Neues entdecken und werden zum Nachdenken angeregt. Dadurch sollen das mathematische Prinzip und der Lösungsprozess stärker in den Vordergrund gerückt werden. Ist das Verständnis für die Fachstruktur erst gebildet, so gibt es für weitere Übungsanlässe ein zusätzliches Arbeitsheft. Dieses Konzept ist gerade für leistungsschwächere Schüler ansprechend, da es vom Lernenden ausgeht und nicht vom Stoff, der zu unterrichten ist. Im Folgenden sollen die Seiten zur Bruchrechnung dies verdeutlichen.

Aus der Grundschule bringen die Lernenden verschiedene Handlungskompetenzen mit. Diese sind im Einzelnen: Sachkompetenz, Methodenkompetenz, soziale Kompetenz und personale Kompetenz (vgl. RLP GS, S.8-9). Im Bereich personale

---

[7] Dieses Schülerbuch wurde in der Schweiz entwickelt und für das deutsche Bildungswesen adaptiert.

Kompetenz haben die Schüler oft große Zweifel und Ängste. Zuweilen sind sie von ihren eigenen Schwächen so überzeugt, dass der Misserfolg vorprogrammiert ist, was

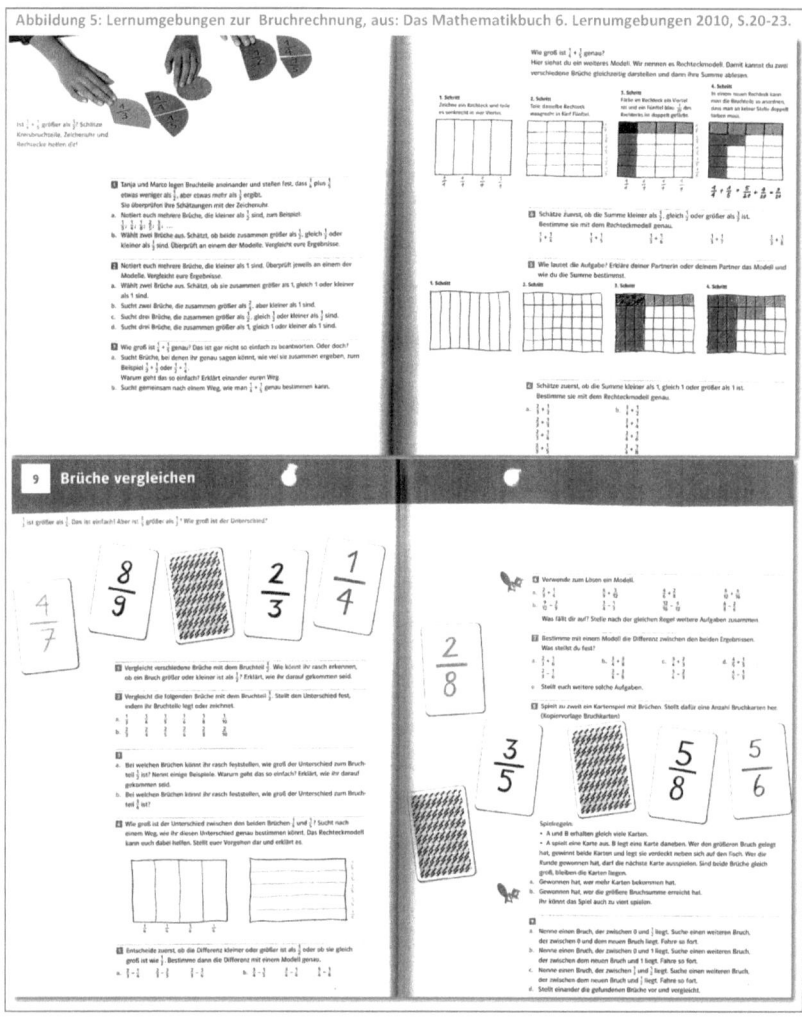

Abbildung 5: Lernumgebungen zur Bruchrechnung, aus: Das Mathematikbuch 6. Lernumgebungen 2010, S.20-23.

sich in solchen Schüleraussagen widerspiegelt wie z.B. „Keine Ahnung, ist ja Mathe" oder „Mathe verstehe ich eh' nicht"[8]. An das *Vorwissen der Lerner* anzuknüpfen ist eine Herausforderung. Relativ gut ausgebildet scheinen dagegen die Methoden-kompetenz und die Sozialkompetenz zu sein. Mathematiklehrer, die in der Sekundarstufe I des ▓▓▓[9] unterrichten, berichten, dass die Schüler z.B. sehr gerne in

---

[8] Vgl. dazu auch Vortrag von Selter am 15.02.2013.
[9] Da ich derzeit am ▓▓▓▓▓▓ ▓▓▓▓▓ Gymnasium (▓▓▓) in Berlin unterrichte, beziehen sich Aussagen und Schülerbeispiele sowie Erfahrungen in Hospitationsklassen vorrangig auf diese Schule.

Gruppenarbeit Aufgaben lösen und sehr gewillt sind, sich gegenseitig zu helfen. Der Umgang mit neuen Medien bereitet ihnen keine Schwierigkeiten. Im Gegenteil, sobald sie z.B. etwas am Computer bearbeiten dürfen, scheint die Freude schon vorprogrammiert[10]. Die Sachkompetenz der Grundschüler wird dagegen durchweg kritisiert, die Schüler „können nicht rechnen", sei es an Gymnasien oder Integrierten Sekundarschulen. Vor allem die Bruchrechnung, das sei ein Fiasko, es fehle schlichtweg Verständnis für die Begriffe und die Zusammenhänge.

Wie weitere Beispiele aus den Grundschullehrwerken zeigen, wird der Stoff zuweilen an den Schülern vorbei präsentiert. In Zusammenhang mit der Auswertung der Lernausgangslage (LAL) ist mir *Mathematik plus[11]* als besonders anschauliches negatives Beispiel aufgefallen: völlig verwirrend wird dort ein Bruch über Kreuz dargestellt (Abb.6).

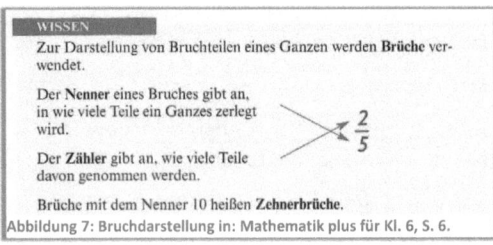

WISSEN

Zur Darstellung von Bruchteilen eines Ganzen werden **Brüche** verwendet.

Der **Nenner** eines Bruches gibt an, in wie viele Teile ein Ganzes zerlegt wird.

Der **Zähler** gibt an, wie viele Teile davon genommen werden.

Brüche mit dem Nenner 10 heißen **Zehnerbrüche**.

Abbildung 7: Bruchdarstellung in: Mathematik plus für Kl. 6, S. 6.

Da verwundert es nicht, dass die Lernenden verwirrt werden und es dann in den Aufgaben zu Missverständnissen kommt (siehe Beispiele in den LAL Testauswertungen). Weiterhin ist die Erklärung der Bruchzahlen (Abb.7) aus meiner Sicht nicht altersgerecht. Sowohl

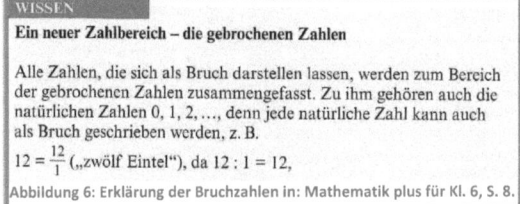

WISSEN

Ein neuer Zahlbereich – die gebrochenen Zahlen

Alle Zahlen, die sich als Bruch darstellen lassen, werden zum Bereich der gebrochenen Zahlen zusammengefasst. Zu ihm gehören auch die natürlichen Zahlen 0, 1, 2, ..., denn jede natürliche Zahl kann auch als Bruch geschrieben werden, z. B.

$12 = \frac{12}{1}$ („zwölf Eintel"), da $12 : 1 = 12$,

Abbildung 6: Erklärung der Bruchzahlen in: Mathematik plus für Kl. 6, S. 8.

ich als auch andere Erwachsene brauchten mehrere Lesedurchgänge und fanden die Erklärung nicht anschaulich. Dies gilt vermutlich auch für die Schüler der Klasse 6. Vor allem die Erklärung *zwölf Eintel da 12:1=12*, ist irreführend. Der Bruch heißt ja *Eintel* weil eine 1 im Nenner steht und nicht weil 12:1 eben 12 ergibt[12].

Die Ergebnisse der LAL 7 zeigen, dass der Aufbau von geeigneten Vorstellungen bei vielen Schülern nur bedingt gelungen ist, wie folgende Beispiele zeigen: Zähler und Nenner werden vertauscht, es ist den Schülern oft nicht klar, wie sie die unterschiedlichen Brüche addieren oder sie nehmen automatisch die größere Zahl,

---

[10] Leider sind an vielen Schulen die Computerräume noch nicht mit ausreichend mit Einzelarbeitsplätzen ausgestattet, sodass trotz zahlreicher Übungs- und Diagnoseangebote online diese Möglichkeit eher selten genutzt wird. So wird die Lernausgangslage in der 7. Klasse am XXXXX XXXXX Gymnasium immer noch in der Printversion durchgeführt, dies allerdings in einer abgespeckten schulinternen Version.

[11] Dieses Buch wirbt ironischerweise damit, dass es für den neuen, 2004 erschienen Rahmenlehrplan für die Grundschule bearbeitet worden ist (Mathematik plus, 2005, S.2).

[12] Interessant in diesem Zusammenhang ist die von mir beobachtete Tatsache, dass manche Schüler auch in Klasse 7 immer noch die Gewohnheit haben, Brüche als aus der Grundschule bekannte Pizzastücke (also Kreissegmente) aufzumalen.

weil die Subtraktion aus der kleineren Zahl *nicht geht*. Um die mitgebrachten Probleme aus der Grundschule zu identifizieren und die Bruchrechnungstheorie zu untersuchen, habe ich die LAL Mathematik 2012 (XXX Version) einer 7. Klasse des XXX genutzt. Die Ergebnisse der Lernausgangslage wurden für eine Klasse (30 Schüler) untersucht.

Abbildung 8: Schülerbeispiele aus der Lernausgangslage 7 des XXX Gymnasiums 2012

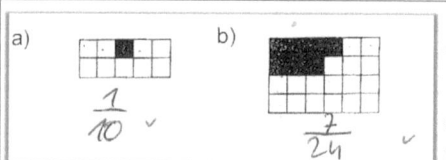

Bei der ersten Aufgabe (Bsp. links) sollen die Schüler angeben, welcher Bruchteil von der gesamten Fläche schwarz gefärbt sei. Diese Aufgabe haben alle Schüler richtig gelöst. Bei der Berechnung der Brüche und dem Vergleich mit Dezimalzahlen tauchten dann die ersten Probleme auf: Ob $0,4 <, >,$ oder $= \frac{2}{5}$ ist, konnten nur Wenige erkennen.

Bei der Addition von Brüchen hat dieser Schüler über Kreuz gerechnet und jeweils einen Zähler mit dem anderen Nenner multipliziert (siehe dazu auch Abb.6).

Hier hat der Schüler 4 x 8 (= 32) multipliziert, weil offensichtlich nicht klar war, dass kein *Fünftel* als Ergebnis herauskommen muss.

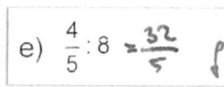

In diesen zwei Beispielen links ist festzustellen, dass dem Schüler offensichtlich die reale Vorstellung für die Brüche fehlt. Bei den Sachaufgaben haben dann viele Schüler aufgegeben und es erst gar nicht versucht.

6. Klaus hat 5 kg Äpfel für 7,50 € gekauft. Wie viel Euro muss Anna für 3 kg derselben Sorte bezahlen?

7. Für einen Ausflug wird ein Bus gemietet. Die Kosten betragen 450 €. Es fahren 30 Personen mit. Wie viel muss jeder zahlen? Wie hoch sind die Kosten für jeden, wenn 25 Personen mitfahren?

Die gestellten Aufgaben umfassten vier Bereiche. Dabei wurden im Bereich *Umgang mit Zahlen und Grundrechenarten* im Durchschnitt 3,1 von 7 Punkten erreicht, im Bereich *Brüche und Anteile sowie Bruchrechnung* durchschnittlich 4,8 von 8 Punkten; bei den *Sachaufgaben* erreichten die Schüler durchschnittlich nur 1,7 von 4 Punkten und im Bereich *Geometrie* 4,1 von 10 Punkten. Insgesamt wurden durchschnittlich 13,8 Punkte für alle Teilbereiche zusammen (von insgesamt 29 zu erreichenden Punkten) erreicht. Von 30 Teilnehmer hatten nur 4 mehr als 20 Punkte für alle Teilbereiche erreicht, 9 Schüler erreichten weniger als 10 Punkte, diesen wurde dann die Teilnahme an dem Mathematik-Brückenkurs des XXX Gymnasiums empfohlen. Eine besondere

Schwäche bei der Bruchrechnung lässt sich also bei der Untersuchung dieser Schülergruppe nicht feststellen. Die Schüler haben zwar deutliche Schwierigkeiten damit, jedoch nicht signifikant mehr oder weniger im Vergleich zu den anderen Teilbereichen der Lernausgangslage. Deutlichere Schwächen sind bei den Sachaufgaben feststellbar, hier hatten 86% der Schüler nur eine oder gar keine Aufgabe bearbeitet. Bei den Geometrieaufgaben wurde durchschnittlich weniger als die Hälfte der Punktzahl erreicht, dies kann aber auch an der Zeitknappheit am Ende der Auswertungsphase liegen.

3. Mathematikunterricht in der Sekundarstufe I gestalten

In der offiziellen Lernausgangslage Mathematik finden sich 4 von 20 Aufgaben zum Umgang mit Brüchen und Anteilen. Gefragt wird nach Anteilen an Flächen, Arbeit am Zahlenstrahl, Rechnen mit Brüchen und der Umwandlung von Brüchen in einer Dezimalzahl (LAL 2012 S.18-28). Werden in der LAL Aufgaben noch klar nach Leitideen unterschieden, so verlangt VERA 8 von den Schülern mehr eigenverantwortliches Denken und Problemlösungsstrategien, in denen Bruchrechnung kontextbezogen angewandt wird, um z.B. Grad Fahrenheit in Grad Celsius umzuwandeln oder Wahrscheinlichkeiten beim Glücksrad auszurechnen (vgl. VERA 8 2012, Heft II). Ausgehend von diesen Voraussetzungen muss zu Beginn der Sekundarstufe I der Kompetenzstand der Schüler auf das Niveau gebracht werden, das vom Rahmenlehrplan am Ende der ersten Stufe (Klasse7/8) gefordert wird.

> „Bei der Planung von Unterricht ist also zu klären, auf welches Vorwissen aufgebaut werden kann. Welche Themen wurden in verwandten Bereichen vorher (auch in vorhergehenden Jahrgängen) unterrichtet? Welche inner- und außermathematische Existenzberechtigung hat der gewählte Inhalt? Welche Alltagsbezüge gibt es?" (Barzel, Holzäpfel, 2010, S.6).

3.1 Curriculare Vorgaben

Die 7. Klasse stellt eine Brücke dar zwischen dem reproduzierenden Lernen der Grundschule und der gymnasialen Notwendigkeit nach der Suche nach Zusammenhängen, Verallgemeinerungen und Reflektion. Schüler müssen nun einen mathematischen Sachverhalt verstehen und einen Denkvorgang nachvollziehen, denn „auswendig lernen" bringt langfristig wenig (vgl. Vollrath 2001, S.45-52). Mathematik wahrnehmen, die Struktur begreifen und die Entwicklung der mathematischen Fähigkeiten als gemeinsames Produkt von Inhalten, Medien und Methoden ist bei der Planung von Unterricht zu berücksichtigen. Schüler sollen zu Beginn der Sekundarstufe I ihr mathematisches Wissen funktional und flexibel einsetzen, weitere mathematische Inhalte erwerben, argumentieren, Probleme lösen, modellieren, Darstellungen verwenden und mit Elementen der Mathematik umgehen und kommunizieren. Dies gilt in den nach Leitideen geordneten mathematischen Kompetenzbereichen: Zahl, Messen, Raum und Form, funktionaler Zusammenhang und Daten und Zufall (vgl. RLP Sek I, S.10). Bei einem 45 Minuten Takt der Unterrichtszeit fallen durchschnittlich 20' auf das Erfahren, nur 5' auf das Erkennen und Reflektieren und 20' auf das Erleben und das Anwenden (vgl. Vortrag Knittel). Da so nur wenig Zeit zur Verfügung steht, muss eine geeignete Auswahl getroffen werden.

Das Erkennen von Situationen und das logische Begründen fallen den Schülern häufig schwer. Bei Unterrichtshospitationen in der 7. Klasse ist aufgefallen, dass die Schüler vorwiegend nicht schlüssige Vermutungen aufstellen und vermehrt raten, in der Hoffnung bzw. in der Erwartung, dass die Lehrkraft sie dann auf den richtigen Lösungsweg bringt oder ihnen die richtige Lösung verrät. Beim Argumentieren geben die Schüler schnell auf. Bei der Frage, wieso sie ein Ergebnis vermuten oder wie sie darauf gekommen sind, weichen sie dann von ihrer (richtigen) Aussage ab, weil sie intuitiv annehmen, die Lösung sei falsch. Sie müssen dazu ermutigt werden und daran gewöhnt werden, einen Lösungsweg zu entwickeln und ihr Lösungsverfahren zu verbalisieren - idealerweise mit mathematischen Begriffen, da sich die Schüler bei den Erklärungen Ihrer Alltagssprache bedienen (z.B. „Ich habe die andere Zahl genommen"– anstatt die Begriffe *Zähler* und *Nenner* zu benutzen).

Einige Schüler wollen auch lieber ihre Lösung an die Tafel schreiben statt zu erklären, was sie gerechnet haben. Obwohl die verschiedenen Darstellungsformen hilfreich sind und auch als Bestandteil des Problemlösens angesehen werden können, müssen die Schüler lernen, für eine gelungene Kommunikation im Mathematikunterricht mathematische Zusammenhänge sowohl in natürlicher Sprache als auch „unter Verwendung einer angemessenen Fachsprache adressatengerecht zu verbalisieren" (RLP Sek I, S.11). Diesen Balanceakt zwischen Strategien, thematischen Inhalten und mathematischer Kommunikation gilt es zu stabilisieren: „Die Aufgabe des Mathematikunterrichts ist es, auf allen Niveaustufen Schülerinnen und Schülern den Erwerb dieser Kompetenzen zu ermöglichen" (RLP Sek I, S.10).

So steht die Lehrkraft der Klasse 7 vor der Herausforderung, die Fähigkeiten der ihr zunächst noch unbekannten 30 individuellen Lerner in kurzer Zeit einzuschätzen, und dann den Unterricht auf die Defizite der Lerngruppe und auf den Förderbedarf des Einzelnen gerichtet zu gestalten. Zuweilen kann der Mathematikunterricht dies nicht gänzlich leisten. Dann müssen schülergerechte Lösungen gefunden werden und Angebote geschaffen werden, wie z.B. der Mathe-Brückenkurs. Der zweistündige Mathe-Brückenkurs des XXX ist ein wöchentliches Zusatzangebot. Er wurde speziell für leistungsschwächere Schüler der Klasse 7 mit Kompetenzdefiziten eingerichtet.

3.2 Unterrichtsmaterial und Aufgabenstellung

Ein neues Thema erfordert zuweilen unterschiedliche Zugänge und Lernsituationen. Selter fordert substantielle Lernumgebungen, die den Lerner herausfordern und zum Selbstentdecken anregen, ohne das notwendige Üben zu vernachlässigen (vgl. Vortrag Selter). Aus der Perspektive der Lehrenden zeigen sich dabei Hürden, die es zu überwinden gilt, schließlich soll der Unterricht die Sichtbarmachung eines Beziehungsgefüges sein, das logisch aufgebaut ist. Authentisch unterrichten heißt *in realistische Situationen* unterrichten. Reale Daten und Lebensnähe sind gefordert. Zu Recht wird verlangt, dass Arbeitsmaterialien nicht nur inhaltlich zum Unterricht passen sollten sondern sowohl „motivierend in Form und Inhalt" als auch „sich selbsterklärend" sein. Weiterhin soll das optimale Buch ein differenziertes Angebot an problemorientierten Aufgaben bieten und individuelle Unterschiede im Arbeitstempo berücksichtigen (vgl. Vollrath 2001, S.138-139).

Im Kapitel 2 dieser Arbeit wurde bereits Kritik an den gängigen Lehrwerken der Grundschule geübt, allerdings sind die Unterrichtsmaterialien auch für die Klasse 7 nur wenig zufriedenstellend. Die Verlage führen die Lehrbuchreihen für die Jahrgänge 7-10 fort, so unterscheiden sich die Lehrbücher kaum in Aufbau und Kohärenz von den Lehrwerken der Klasse 6. Um redundante Abbildungen zu vermeiden, soll an dieser Stelle nur ein weiteres Beispiel exemplarisch aufgeführt werden (Abb. 9), um zu zeigen, dass Erklärungen und Aufbau unübersichtlich bleiben.

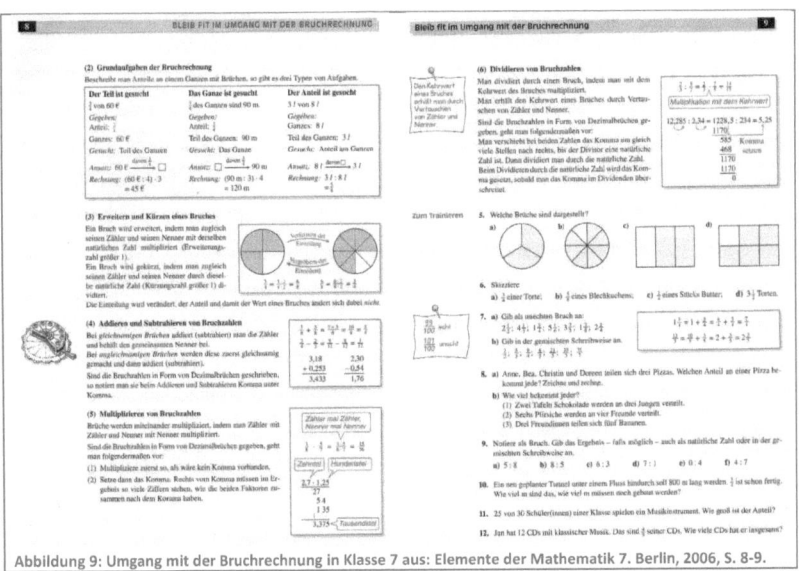

Abbildung 9: Umgang mit der Bruchrechnung in Klasse 7 aus: Elemente der Mathematik 7. Berlin, 2006, S. 8-9.

Die Schrift ist sehr klein und die Fülle der Aufgaben überfordert und entmutigt. Regeln und Beispiele sind in blauen Kästchen hinterlegt, aber in der Menge ihres Erscheinens ist es für den Lernenden auch hier nur schwer nachvollziehbar, was wichtig ist, und was weniger wichtig. Ohne anleitende Hilfe kann der Lerner kaum den Stoff nachvollziehen, geschweige denn sich selbständig aneignen. Vor allem taucht hier wieder die irreführende Erklärung auf, dass $\frac{99}{100}$ ein echter Bruch sei und $\frac{101}{100}$ unecht (Mitte der Doppelseite). Dem Leser wird nicht unbedingt klar, dass diese Definition mit der Relation zwischen dem Zähler und dem Nenner zusammenhängt und nicht, wie in diesem Beispiel suggeriert (und auch in dem Lehrwerk Elemente der Mathematik 6 zu finden), mit den Hunderterbrüchen.

Bezüglich der Textaufgaben gibt es Unterschiede in den vorliegenden Studien. Frenzel et al wollen in ihrer Untersuchung herausgefunden haben, dass Textaufgaben bei den Schülern mehr Freude und weniger Angst hervorrufen, dies gilt anscheinend auch für schwächere Schüler (vgl. Frenzel et al 2006). Schomaker hingegen zitiert: „Textaufgaben kann ich nicht. Ich verstehe das nicht, das ist zu kompliziert" (Schomaker 2010, S.2). Sie legt dar, dass diese Einstellung nichts mit einem etwaigen Migrationshintergrund der Schüler zu tun hat, sondern allgemein mit der verwendeten Sprache.

3.3 Leistungsunterschiede und Differenzierung[13]

Individuelles Fördern muss sich nach dem individuellen Lernstand richten. In der Schule wird diese Aufgabe immer wichtiger, weil auch am Gymnasium die Lerngruppen immer heterogener werden und die Unterschiede zwischen den verschiedenen Leistungsniveaus immer größer werden. Lernumgebungen sollen aber so gestaltet werden, dass individuelles Lernen ermöglicht wird. Wenn der Unterricht schülerorientierter wird, macht der Unterrichtende sich selbst immer mehr zum Beobachter, zum Begleiter und Berater, das fällt aber vielen Gymnasiallehrern noch schwer. Neben der natürlichen Differenzierung, die aus der Gruppe der Lernenden hervorgeht, gibt es die vom Lehrer ausgehende Binnendifferenzierung, bei welcher der Unterrichtende entscheidet, welche Aufgaben von wem gemacht werden. Zu einem ganzheitlichen Kompetenzmodell gehört laut Leuders eine Aufgabenkultur, die im Niveau differenzierende Aufgaben, gestufte Aufgaben (die zum Teil individuell, zum Teil als Gruppenprodukt), optionale Teilaufgaben und methodenoffene sowie prozessorientierte Aufgaben umfasst (vgl. Leuders 2003, S.300-303). Diese Forderungen werden in den gängigen Unterrichtswerken der Klasse 7 nur zum Teil

---

[13] Die Heterogenität einer der Lerngruppe ist nichts Neues aber die Sensibilisierung dafür ist gestiegen, weil heutzutage nicht nur defizitorientierte Förderung betrieben wird sondern auch, was weitaus schwieriger ist, gezielte Fördermaßnahmen für besonders begabte oder interessierte Schüler bereitgestellt werden sollen (vgl. Hofe 2011).

umgesetzt, es bleibt die Herausforderung an den Lehrer, Aufgaben auszuwählen und ggf. umzustrukturieren, um sie didaktisch aufzuwerten. Auch mit anderen Mitteln können einzelne Lerntypen gefördert werden, sei es durch andere Methoden, durch unterschiedliche Sozialformen (Gruppe, Team), durch eine variable Sitzordnung oder durch differenzierte Hilfsmittel. Eine flexible Zeitgestaltung und fächerübergreifende Projekte bieten weitere Alternativen. Die Einrichtung von Lernbüros und von Selbstlernmaterialien haben die Kollegen hingegen nicht überzeugt. Nicht jede Idee eignet sich für jedes Fach und gerade in Mathematik brauchen Schüler oft mehr Unterstützung. Das eigenverantwortliche Lernen kann aber z.b. mit Hilfe von Lerntagebüchern oder Freiarbeit unterstützt werden. Bei unterschiedlichen Leistungs-niveaus[14] Aufgaben für Mitschüler zu stellen (falls die starken Schüler bereits fertig sind) macht Denkprozesse sichtbar und bietet eine Alternative zum Frontalunterricht.

3.4 Diagnose und Leistungsbewertung

Trotz der Wichtigkeit der Mathematiknote soll die Diagnose von Kompetenzstand und Kompetenzzuwachs primär dazu dienen, den Schüler im Lernprozess zu unterstützen und nicht Werkzeug der Auslese sein. Mathematik ist ein Hauptfach und gerade in der 7. Klasse (Probejahr) werden Leistungsbeurteilungen benutzt, um festzustellen, ob ein Kind die Probezeit besteht. Eine weitere Herausforderung an den Mathematikunterricht in der Sekundarstufe I ist es, vom allgemeinen Klagen über den Leistungsverfall zum Blick auf den einzelnen Schüler zu kommen. Bei der Diagnose sollen das Lehren *und* das Lernen sichtbar werden (vgl. Bauch 2011). Nicht Rahmenlehrpläne sollten zur Leistungsbewertung hinzugezogen werden, sondern die individuelle Lernentwicklung des einzelnen Kindes. Dafür plädieren auch Selter und Spiegel und fordern über die Ziffernnoten hinaus aussagekräftigere Formen der Rückmeldung (vgl. Selter, Spiegel 2003, S.78-85) da auch in Fehlern Fähigkeiten eines individuellen Gedankenwegs verborgen sind (vgl. Selter, Spiegel 2003, S.8-25). Bewertet man nicht nur Ergebnisse sondern Lernprozesse, steht man vor einer Herausforderung, denn Lösungswege sind komplex und nicht eindeutig messbar. Die Bewertung muss ja verlässlich sein und dem Lernfeedback und der Förderdiagnostik dienen (vgl. Fröhlich et al. 2006).

Die angemessene Erfassung von Leistung ist aber trotz vorhandener Kriterien nicht immer einfach und wird auch von der jeweiligen Lehrkraft unterschiedlich eingeschätzt. Fröhlich et al kritisieren, dass Klassenarbeiten oftmals nur die Fähigkeit der Schüler prüfen, mit Stress und Zeitdruck umzugehen und weniger ihre mathematischen Kompetenzen. Kontinuierliche Rückmeldungen, die in der Summe als Abschluss-

---

[14] Das Kapitel *Lernumgebung gestalten* bei Leistungsunterschieden (vgl. Individuelles Lernen) geht auch auf die bauliche Gestaltung der Räume ein (von der trivialen Forderung nach Tageslicht bis hin zur Renovierung), das Lernen und die Konzentration unterstützt. Dies ist zweifelsohne von eminenter Bedeutung, soll hier aber nicht gesondert besprochen werden.

kriterium dienen, können gerade in der Sekundarstufe I geeignetere Alternativen der Leistungsbewertung sein, als Tests am Ende einer längeren Lernphase (vgl. Fröhlich et al. 2006, Risse 2006). Auch Leuders kritisiert schulische Zensuren und Punkteverteilungstabellen und plädiert für mehr Alternativen zu Ziffernnoten. Die Leistungsbewertung soll eher als Unterrichtsauswertung angesehen werden, in welcher der Lehrer Rückmeldung an die Schüler gibt und gleichzeitig auch Rückmeldung von den Schülern bekommt. Dabei können Gespräche, Schülerevaluationen, Facharbeiten oder die Bewertung von Gruppenleistungen geeignetere Instrumente sein (vgl. Leuders 2003, S.296-300).

4. Emotionales Lernen im Mathematikunterricht

„Mathematik wird von Vielen als gänzlich unverständlich empfunden und ist mit Gefühlen von Angst und Bedrängnis verbunden" (Leuders 2003, S.33).

Matheunterricht gilt als sehr rational und verkopft, umso erstaunlicher ist es, dass Emotionen und Gefühle wie Angst und Freude immer wieder mit diesem Fach in Verbindung gebracht werden. Die Symptome reichen von Verspannungen und Schwitzen bis hin zu starken körperlichen Symptomen wie Atemnot, Magenproblemen und längerfristigen Schlafstörungen. Angst ist, wie Freude, eine Basisemotion, die Folgen auf die Leistungen der Schüler im Unterricht hat, da sie ihre Motivationslage und ihre Aufmerksamkeit beeinflussen (vgl. Götz, Kleine 2006). Angst behindert den Lernprozess, Freude hingegen motiviert und Kinder lernen nur, wenn etwas Spaß macht. Daher gilt es als weitere Herausforderung, den Lernern klar zu machen, dass Fehler Bestandteile des Lernprozesses sind und Ihnen die Angst, Fehler zu machen, zu nehmen bzw. ihre Freude am Unterricht zu steigern.

4.1 Angst vermeiden

Angst zu versagen, Angst vor schlechten Noten, Angst, eine falsche Antwort zu geben: viele Schüler haben Angst, weil sie sich den Anforderungen nicht gewachsen fühlen und das Gefühl haben, der Lehrer wolle sie *reinreiten*. Gerade im Mathematikunterricht haben Lerner fälschlicherweise den Eindruck, dass das Versagen in diesem Fach mangelnde Intelligenz bedeutet. Es ist hilfreich und förderlich, wenn der Unterricht transparent gestaltet wird, wenn Fehler als Möglichkeit genutzt werden, Denkprozesse zu hinterfragen. Wenn Unterricht, Lehrerverhalten und Bewertung transparent sind und es einen offeneren Umgang mit Fehlern und eine Kultur des Fragens gibt, so bekommen die Schülern Sicherheit, da sie das nachvollziehen können, was da passiert (vgl. Götz, Kleine 2006). Lehrer sollten nicht nur negative Rückmeldungen geben sondern den Schülern immer wieder mitteilen, in welchen Bereichen sie sich verbessert haben, um vorhandene Kompetenzen zu fördern (vgl. Lichtenfeld 2006).

Zusätzliche schülergerecht gestaltete Aufgabenblätter zum Üben vor der Klassenarbeit entspannen die Situation, da sie die Prüfungsangst verringern. Im Unterricht sollen nicht nur Ergebnisse sondern auch Arbeitsprozesse gelobt werden. Erwachsene behindern Kinder oft beim *Mathelernen* und entwerten ihre Denkprozesse mit Aussagen wie „du kannst das (immer noch) nicht" oder „falsche Lösungen wollen wir nicht hören" (vgl. Selter, Spiegel 2003, S.86-107, Fröhlich et al. 2006). Das zerstört das Vertrauen der Kinder in ihre individuelle Leistung, denn sie sind nicht *dumm* und sie denken auch nicht *unlogisch*, aber sie haben zuweilen andere Denkprozesse und diese müssen berücksichtigt werden. Die Perspektive zu ändern und den Unterricht mit den Augen der Lernenden zu sehen und auch kleine Erfolge sichtbar machen sind wichtige Faktoren für gelingenden Unterricht.

4.2 Freude steigern

Motivation zählt mehr als Notendruck, das belegt eine Langzeitstudie der LMU München. Danach erzielten jene Kinder den größten Leistungszuwachs, die besonders hoch motiviert waren. Die Intelligenz der Schüler spielte hingegen keine Rolle. Schüler verbesserten sich dann besonders stark in Mathe, wenn sie davon ausgingen, dass Anstrengung sich auszahlt und wenn sie Spaß an dem Fach hatten (vgl. Dambeck 2013, 3sat nano). Diese intrinsische Motivation kann der Mathematikunterricht nutzen. Es ist hilfreich, wenn Schüler eigene Denkprozesse und Emotionen (auch Erfolgs-erlebnisse) in Lerntagebüchern festhalten. Ein Qualitätsmerkmal von erfolgreichem Unterricht ist das wechselseitige Lehren und Lernen. Schüler sollen auch mal selbst bestimmen dürfen, was sie im Unterricht machen und eine persönliche Zwischenbilanz, z.B. als Mail an die Lehrkraft, dient der Lernreflexion und gibt hilfreiche Hinweise für die Weiterarbeit (vgl. Bauch 2011).

Eine Studie der Pädagogischen Hochschule Freiburg[15], die 2001 veröffentlicht wurde, will herausgefunden haben, dass Lehrerinnen besser Mathematik vermitteln können als ihre männlichen Kollegen. Vor allem Mädchen sollen bei gleichgeschlechtlichen Unterrichtenden einen besseren Leistungszuwachs erzielen. Ein fragwürdiges Ergebnis, das ich in einem Online-Sozialnetzwerk zur Debatte gestellt habe[16]. Eine der Antworten soll hier verdeutlichen, dass das Geschlecht der Lehrkraft nicht ausschlag-gebend ist, sondern andere Faktoren relevanter sind: „Ich hatte immer Mathelehrer und schien komplett dumm zu sein, dann kam Frau J. Sie war zwar keine

---

[15] An 353 Schulen in Baden-Württemberg waren 904 Lehrerinnen und Lehrer und 21.156 Schüler befragt worden (vgl. 3sat nano: Neue Mathelehrer braucht das Land).
[16] Meine Schulzeit (in Baden-Württemberg) war geprägt von Mathematik*lehrern* und ich hatte (trotzdem?) gute Leistungen in diesem Fach. Wie aus den Zuschriften zu entnehmen, ist vor allem die Ausbildung der Lehrer relevant für ihr Unterrichtsverhalten. Insofern spielt auch das Bundesland eine Rolle, da vielerorts und zu oft auch in Berlin Mathematik fachfremd unterrichtet wird. Dieses brisante (politische) Thema wurde aber aus Platzgründen in dieser Arbeit ganz bewusst ausgelassen.

begeisterungsfähige Frau, aber sie verbreitete zumindest nicht Angst und Schrecken."[17] Nicht nur Frauen können Verständnis für Versagensängste entwickeln und den Schülern Sympathie entgegen bringen, jeder Lehrer kann die eigene Freude an der Materie und am Unterrichten auf die Schüler übertragen und durch „emotionale Ansteckung" für das Fach motivieren (vgl. Götz, Kleine 2006, S.8).

Im Mathematikunterricht darf auch gelacht werden, das reduziert Stress. Die Freude an den Inhalten des Unterrichts kann gesteigert werden durch Arbeitsblätter mit Karikaturen oder anderen optischen Reizen, durch das Erzählen eines mathematischen Witzes oder wenn die Kinder selber einen Comic zu einer Aufgabe zeichnen. Wenn die Aufgaben mit Humor verbunden sind, empfinden die Schüler die Arbeitsumgebung als entlastend und dies ist für den Lernprozess förderlich (vgl. Herget, Weyers 2006).

5. Kommunikation im Mathematikunterricht

Kommunizieren als prozessbezogene Kompetenz wird in allen Fächern von den Bildungsstandards gefordert. *Sprechen* scheint zunächst im Mathematikunterricht vernachlässigbar zu sein, will man doch in diesem Fach eher *Rechnen*. Jedoch erfordert gerade der Mathematikunterricht eine erhöhte Sprachkompetenz. Die Schüler müssen Aufgaben verstehen und argumentieren, Lösungswege vorstellen und erklären und schreiben, wie sie vorgegangen sind. Die Sprache ist auch das zentrale Verständigungsmittel beim „kooperativen Arbeiten an mathematischen Problemen und bei der Aushandlung mathematischer Begriffe" (RLP Sek I S.11).

Einerseits muss der Unterricht der Sekundarstufe I gezielt fachliche Sprachkompetenz aufbauen, damit die Schüler adäquat mathematisch sprechen und formulieren können, andererseits muss auch auf die Kommunikation der Lernenden untereinander und auf die Lehrer-Schüler Kommunikation im Unterricht ein Augenmerk gelegt werden.

5.1 Fachsprache Mathematik

„Sprichst du Mathe?" fragen Fröhlich und Prediger und weisen schon zu Beginn ihres Artikels darauf hin, dass Mathematik eine fachspezifische Sprache erfordert, die nicht außeracht gelassen werden kann. Schließlich sollen die Schüler nicht nur mit Rechenwerkzeugen umgehen können sondern auch Fachausdrücke und Symbolik beherrschen (vgl. Fröhlich, Prediger 2008, Risse 2006). Der Aufbau von Sprachkompetenz ist somit eine der zentralen Aufgaben des Unterrichts. Für das Fach Mathematik ist dies eine besondere Herausforderung, da die mathematische Sprache eigene Charakteristika aufweist (vgl. Hußmann 2003, S.60). Sie enthält

---

[17] Antwort von S. auf Facebook am 19.02.2013

Fachausdrücke, die in der Umgangssprache nicht vorkommen oder mit einer anderen Bedeutung belegt sind (z.B. *sinus, rational, geschnitten*). Auch die Grammatik entspricht nicht der Alltagssprache (Sei x ∈ aus R...) und die Verwendung von Symbolen macht es dem Lerner nicht einfacher, sich in der Materie zurecht zu finden. Die Schüler müssen lernen, stark verdichteten Termen Informationen zu entnehmen und gleichzeitig ihre mathematische Sprachkompetenz nach und nach aufzubauen, sodass sie eigene Erkenntnisse und Lösungen mathematisch – also mit einem Minimum an Sprache – ausdrücken können, wie z.B. ∃x∀x (¬x∈X). Wenn die Schüler mathematische Formeln oder Arbeitsanweisungen nicht verstehen (z.B. *Zeiche eine Hypotenuse...*) dann verstehen sie zuweilen auch nicht, was Ihnen im Unterricht mitgeteilt wird und können Aufgaben nicht ausführen (Vgl. Hußmann 2003, S.69). Die Forderung, als Unterrichtender zunächst sicher zu stellen, dass die Lernenden verstehen, was Unterrichtsgegenstand ist, klingt trivial, ist aber bei einer durchschnittlichen Klassenstärke von 30 Schülern eine Herausforderung, weil die Schüler in der Sekundarstufe I viele neue Begriffe, Symbole und Fachwörter lernen müssen.

Japanisch zählen

Im Japanischen zählt man wie folgt:
1: itchi 2: ni 3: san 4: schi 5: go 6: loku 7: schitschi 8: hatchi 9: kju 10: dju
Lernen Sie die Zahlwörter!
Decken Sie diese dann ab und lösen Sie die japanischen Rechenaufgaben!

Japanisch rechnen

Lösen Sie die acht Aufgaben innerhalb von 90 Sekunden! Schreiben Sie die Antwort möglichst als japanisches, nur im Notfall als deutsches Zahlwort!

a.	itchi + san = _____	b.	ni + loku = _____
c.	go + schi = _____	d.	kju – san = _____
e.	hatchi – san = _____	f.	dju – kju = _____
g.	go + schi – loku = _____	h.	schitschi – go + schi = _____

Überprüfen Sie nun Ihre Ergebnisse mit Hilfe der Zahlwörter aus dem oberen Kasten.

Abbildung 10: Japanisch Rechnen aus: Selter und Spiegel 2003, S.27.

Dass für die Lerner die Sprache oftmals ein Hindernis ist, stellen Selter und Spiegel ausführlich dar (vgl. Selter, Spiegel 2003, S.26-27). Um dem (erwachsenen) Leser zu verdeutlichen, dass bereits einfache Rechenprozesse dem jungen Lerner Schwierigkeiten bereiten können, weil sehr viele Denkprozesse vorausgesetzt werden, die bei einem Erwachsenen im Unterbewussten ablaufen, schlagen Selter und Spiegel *Zählen und Rechnen auf Japanisch* vor (siehe Abb. 10)[18].

Schüler der 7. Klasse verfügen natürlich schon über sprachlich-mathematische Grundvoraussetzungen, aber dennoch darf nicht unterschätzt werden, dass neue Strukturen und Zeichen (die der Unterrichtende als erfahrene Lehrkraft mehrmals angewandt hat und als tägliches Werkzeug benutzt), für die Lerner ein Problem darstellen. Schomaker zitiert eine Aufgabe, die eine Herausforderung für die Schüler

---

[18] Aus eigener Erfahrung kann ich die Aussage von Selter und Spiegel bestätigen. Selbst für mich als erwachsenen Menschen, der nach einer langjährigen Mathe-Pause sich nun wieder mit dem Fach beschäftigt, stellte die Fachsprache eine besondere Herausforderung dar. Wie ungleich schwer muss es dann für ein Kind sein, für das Mathematik zuweilen das unbekannte Wesen ist.

darstellt, da die sprachliche Formulierung der Aufgabenstellung überhaupt nicht der Alltagssprache entspricht: „Im Blumenladen bezahlt Herr Beil für drei Rosen 3,30 €. Berechne den Preis für mindestens 4 weitere Anzahlen von Rosen der gleichen Sorte. (Faktor 7, Braunschweig 2006, S.39 Nr. 2b, zitiert nach Schomaker 2010, S.2)"[19].

Sprachkompetenz als mathematischen Kompetenzerwerb zu fördern, heißt vor allem auch, das Lernen so zu gestalten, dass den Lernern im Mathematikunterricht individuelle und eigenständige Zugänge zu den Inhalten in Form von reichhaltigen Lernaufgaben und Lernumgebungen ermöglicht werden. Sprachbildung und Sprachförderung sind dabei ein durchgängiges Prinzip in allen Sachfächern[20]. Für mehr Schreibanlässe schlägt Schomaker ein Lernprotokoll vor (ähnlich einem Lerntagebuch) in dem Schüler Denkprozesse und Rechenwege dokumentieren. Auch im Mathematikunterricht kann zusätzlich für Schreibanlässe gesorgt werden, indem z.B. einem Mitschüler, der nicht da war, in einer Mail oder in einer sms die Aufgabenstellung bzw. das, was im Unterricht besprochen wurde, geschrieben und erklärt wird (vgl. Schomaker 2010, S.4).

5.2 Miteinander kommunizieren

„Zuhören ist eine hohe Tugend im Unterricht." (Barzel, Holzäpfel, 2010, S.9)

Zuhören und Sprechen gehören zu einer erfolgreichen Lernumgebung dazu, Verstehen und Verständigung sind eng verzahnt, darin liegt auch die kognitive Bedeutung des mathematikspezifischen Sprechens, schließlich müssen Schüler und Lehrer auch so miteinander kommunizieren, das sie sich sicher sind, eine gemeinsame Sprache zu benutzen (vgl. Sjuts 2008, Risse 2006). Hums-Heusel bezeichnet mathematische *Lern*störungen als mathematische *Lehr*störungen, weil Kinder nur so lange rechenschwach sind, wie sie noch nicht besser rechnen ge*lernt* bzw. ge*lehrt* bekommen haben (Vgl. Vortrag Hums-Heusel). Auch die zentrale Botschaft der Hattie-Studie[21] lautet: Was Schüler lernen, bestimmt der einzelne Pädagoge. Alle anderen Einflussfaktoren wie materiellen Rahmenbedingungen, die Schulform oder spezielle Lehrmethoden scheinen weniger einflussreich zu sein. Deshalb kommt es darauf an, das, was man unterrichtet, gut - d.h. adressaten- (also schüler-) gerecht kommuniziert wird. Für Hattie darf ein Lehrer nicht nur Lernbegleiter sein, sondern er ist auch ein

---

[19] Ich habe diese Aufgabe 10 Erwachsenen (z.T. mit Migrationshintergrund) vorgelegt. Alle haben nachgefragt, was mit ‚Anzahlen' gemeint sei, fünf schulfremde Personen haben die Aufgabe überhaupt nicht verstanden (zum Teil dachten sie, die Rosen müssten von einer anderen Sorte sein), drei haben den Preis für sieben Rosen ausgerechnet, und zwei (Mathematiklehrer) kamen gemeinsam auf die Idee, den Preis für vier weitere Sträuße mit einer Anzahl von jeweils fünf oder elf Rosen, etc. zu berechnen.
[20] Am XXX wird das Konzept der durchgängigen Sprachbildung derzeit in allen Fächern implementiert.
[21] Der neuseeländische Bildungsforscher John Hattie hat in einer Studie mit mehr als 800 Metaanalysen (die wiederum 50000 Einzelstudien zusammenfassen) untersucht, was guten Unterricht ausmacht. Insgesamt waren an den Untersuchungen 250 Millionen Schüler beteiligt (vgl. Visible Learning Online).

Architekt von Lernumgebungen (*faciliator*), der sich als eine Art Regisseur oder Dirigent versteht, als *activator*, der seine Klasse im Griff und jeden Einzelnen stets im Blick hat und den eigenen Unterricht mit den Augen seiner Schüler sieht (vgl. Visible Learning).

Will der Lehrer etwas erreichen, muss er seine Freude und seine Motivation auf die Schüler übertragen und sie in seiner Begeisterung mitreißen. Die Herausforderung an den Mathematikunterricht bleibt, Strategien an alle Schüler zu vermitteln, deshalb bedarf es in der Kommunikation zwischen Lerner und Lehrer Verständnis für individuelle Lösungsansätze und einer sensibilisierten Gesprächskultur, in der kein Schüler entmutigt oder vorgeführt wird.

6. Fazit

Mathematik ist ohne Frage kein leichtes Fach, es sind vom Lerner Anstrengungen notwendig, nachhaltig zu üben, zu lernen und zu verstehen. Um Mathematik den Schülern näher zu bringen, ist der Lernort Schule permanent gefordert. In der Sekundarstufe I hat der Mathematikunterricht vier Unterrichtsstunden pro Woche Zeit, um dafür zu sorgen, dass jeder Einzelne einen Zugang zum Fach findet und die Weichen dafür zu stellen, dass die Lerner ein lebenslanges Interesse für mathematische Fragestellungen und Sichtweisen entwickeln. Die vorliegende Arbeit hat Aufgaben, Herausforderungen und Möglichkeiten aufgezeigt.

Für den genauer untersuchten Bereich der Bruchrechnung ließ sich zumindest in dieser Dimension nicht feststellen, dass dort objektiv größere Kompetenzdefizite vorhanden sind. Schüler haben zu Beginn der Sekundarstufe I in allen mathematischen Bereichen Schwächen. Es bleibt eine Herausforderung des Mathematikunterrichts, Kompetenzdefizite auf eine schülergerechte und den heutigen Anforderungen entsprechende Art zu kompensieren, und die Lerner fit zu machen für die weitere Bildungsentwicklung. Aufgabe und Herausforderung für Lehrkraft ist es, mathematische für Schüler interessante und verständliche Fragestellungen und Phänomene in Rahmen des Lehrplans auszuwählen, eine von Vertrauen, Respekt und Wertschätzung geprägte Lernumgebung zu schaffen und die Schüler positiv für den Rest des Lebens zu prägen.

Wir als Unterrichtende müssen Schülern helfen, in diesem Fach Erfolgserlebnisse zu erzielen und zu bewahren weil Mathematik ein wichtiger Teil des Lebens ist. Die Lehrerpersönlichkeit spielt dabei die eminente Rolle, für das Fach zu begeistern. Wichtiger als eindrucksvolle Noten ist langfristig doch auf beiden Seiten die *altmodische* „Liebe zum Fach".

7. Literatur- und Quellenverzeichnis

Abshagen, Maik et al. (Hg.) (2010): Sekundo 6 Mathematik, Schroedel Verlag, Braunschweig.

Affolter, Walter et al. (2010): Das Mathematikbuch. Lernumgebungen. Ausgabe N. Schülerbuch 6. Schuljahr, Klett, Stuttgart.

Barzel, Bärbel; Holzäpfel, Lars (2010): Leitfragen zur Unterrichtsplanung, in: mathematik lehren 158/2010: Erfolgreich unterrichten. Konzepte und Materialien, Friedrich Verlag, Seelze S.4-9.

Bauch, Werner (2011): Über die Schulter geblickt... den individuellen Lernstand erkennen und festhalten – Unterrichtspraxis in einer Achten Klasse, in: Amt für Lehrerbildung Hessen (Hg.): Bildung bewegt 13/2011, Hesse Druck, Fuldatal, S.8-9.

Baum, Manfred et al. (2007): Lambacher Schweizer. Mathematik für Gymnasien 6, Klett, Stuttgart.

Frenzel, Anne et al. (2006): Freude und Angst beim Bearbeiten von Text- und Rechenaufgaben, in: mathematik lehren 135/2006: Freude wecken. Ängste nehmen, Friedrich Verlag, Seelze S.57-59.

Fröhlich, Ines et al. (2006): Leistungen fair bewerten – Lernen individuell unterstützen, in: PM Praxis der Mathematik in der Schule, Heft 10/2006, Aulis Verlag, Köln, S.1-5.

Fröhlich, Ines; Prediger, Susanne (2008): Sprichst du Mathe? Kommunizieren in und mit Mathematik, in: PM Praxis der Mathematik in der Schule, Heft 24/2008, Aulis, Köln, S.1-8.

Fröhlich, Ines; Smolinski, Birgit (Hg.) (2006): PM, Praxis der Mathematik in der Schule, Heft 10: Leistungen rückmelden – mehr als die persönliche Note, Aulis Verlag, Köln.

Gaile, Dorothee; Zoubek, Walter (2011): Mit den Augen der Lernenden. Erfolgreich lernen – was wirklich wirkt, in: Amt für Lehrerbildung Hessen (Hg.): Bildung bewegt 13/2011, Hesse Druck, Fuldatal, S.4-8.

Götz, Thomas; Kleine, Michael (2006): Emotionales Erleben im Mathematikunterricht, in: mathematik lehren 135/2006: Freude wecken. Ängste nehmen, Friedrich Verlag, Seelze S.4-9.

Griesel, Heinz; Postel, Helmut; Suhr, Friedrich (Hg.) (2006): Elemente der Mathematik 7. Berlin, Schroedel Verlag, Braunschweig.

Griesel, Heinz; Postel, Helmut; Suhr, Friedrich (Hg.) (2006): Elemente der Mathematik 6. Berlin, Schroedel Verlag, Braunschweig.

Herget, Wilfried; Weyers, Willi (2006): Humor und Mathematik, in: mathematik lehren 135/2006: Freude wecken. Ängste nehmen, Friedrich Verlag, Seelze S.10-15.

Hofe, Rudolf v. (2011): Förderkonzepte, in: mathematik lehren 166/2011: Förderkonzepte, Friedrich Verlag, Seelze S.2-7.

Hußmann, Stephan (2003): Mathematik kommunizieren, in: Leuders, Timo (Hg.) (2003): Fachdidaktik. Mathematik-Didaktik. Praxishandbuch für die Sekundarstufe I und II, Cornelsen Scriptor, Berlin, S.59-75.

Institut für Qualitätsentwicklung im Bildungswesen (Hg.) (2012): Vera 8. Vergleichsarbeiten in der Jahrgangstufe 8. Didaktische Handreichung Mathematik 2012, o.V., Berlin.

Jahnke, Thomas (2004): Mathematikunterricht aus Schülersicht, in: mathematik lehren 127/2004: Mathematik aus Schülersicht, Friedrich Verlag, Seelze S.4-9.

Leuders, Timo (Hg.) (2003): Fachdidaktik. Mathematik-Didaktik. Praxishandbuch für die Sekundarstufe I und II, Cornelsen Scriptor, Berlin.

Lichtenfeld, Stephanie (2006): Herzrasen und feuchte Hände, in: mathematik lehren 135/2006: Freude wecken. Ängste nehmen, Friedrich Verlag, Seelze S.54-56.

LISUM Berlin-Brandenburg (Hg.) (2012): Lernausgangslage Jahrgangsstufe 7 im Fach Mathematik. Schuljahr 2012/13. Bildungsregion Berlin Brandenburg. Lehrerheft, o.V., Ludwigsfelde-Struveshof.

Pohlmann, Dietrich; Stoye, Werner (Hg.) (2005): Mathematik plus. Grundschule Klasse 6. Berlin / Brandenburg, Cornelsen, Berlin.

Risse, Jana (2006): Stärken (und Schwächen) bewusst machen – mathematische Kompetenzen differenziert rückmelden, in: PM Praxis der Mathematik in der Schule, Heft 10/2006, Aulis Verlag, Köln, S.9-13.

Schomaker, Elke (2010): Mit der Sprache muss man rechnen, in: Senatsverwaltung für Bildung, Wissenschaft und Forschung Berlin; LISUM Berlin-Brandenburg (Hg.): Fachbrief Nr.13 Mathematik, o.V., Berlin, S.2-5.

Selter, Christoph; Spiegel, Hartmut (Hg.) (2003): Kinder & Mathematik. Was Erwachsene wissen sollten, Klett Kallmeyer, Seelze-Velber.

21

Senatsverwaltung für Bildung, Jugend und Sport (Hg.) (2006): Berliner Rahmenlehrplan für die Sekundarstufe I. Mathematik, Oktoberdruck, Berlin.

Senatsverwaltung für Bildung, Jugend und Sport et al. (Hg.) (2004): Rahmenlehrplan Grundschule Mathematik, Wissenschaft und Technik Verlag, o.O.

Senatsverwaltung für Bildung, Jugend und Wissenschaft (Hg.) (2012): Berliner Schule. Individuelles Lernen. Differenzierung und Individualisierung im Unterricht, Hermann Schlesener Druck, Berlin.

Sjuts, Johann (2008): Kommunizieren in Mathematik – mit und ohne Sprache, in: PM Praxis der Mathematik in der Schule, Heft 24/2008, Aulis Verlag, Köln, S.22-26.

Stahl, Sabine (2011): Investitionen in Fortbildung sind Investitionen in die Zukunft, in: Amt für Lehrerbildung Hessen (Hg.): Bildung bewegt 13/2011, Hesse Druck, Fuldatal, S.10-14.

Vollrath, Hans-Joachim (2001): Grundlagen des Mathematikunterrichts in der Sekundarstufe. Mathematik Primar- und Sekundarstufe, Spektrum Akademischer Verlag, Heidelberg.

Wittmann, Gerald (2004): Zwischen Erwartung und Realität. Sichtweisen zum Mathematikunterricht, in: mathematik lehren 127/2004: Mathematik aus Schülersicht, Friedrich Verlag, Seelze S.10-14.

ONLINE QUELLEN

Rahmenlehrpläne: http://www.berlin.de/sen/bildung/unterricht/lehrplaene/ [19.02.2012]

Cornelsen Verlag: 4 Fragen an Dr. Andreas Pallack: Herausforderungen im Mathematikunterricht, Veröffentlicht am 21.01.2013: http://www.youtube.com/watch?v=pCMIyYcLJZQ [19.02.2012]

Visible Learning: Lernprozesse sichtbar machen (deutschsprachige Seite zur Hattie-Studie) http://www.visiblelearning.de/ [19.02.2012]

Dambeck, Holger (2013): Erfolg in Mathe: Motivation ist wichtiger als Intelligenz, Spiegel Online: http://www.spiegel.de/wissenschaft/mensch/erfolg-in-mathe-motivation-ist-wichtiger-als-intelligenz-a-878609.html [19.02.2012]

3sat nano: Neue Mathelehrer braucht das Land. Schulungsprojekte sollen Fach interessant machen: http://www.3sat.de/page/?source=/nano/gesellschaft/161541/index.html [19.02.2012]

Ebbert, Birgit: Dyskalkulie – wenn zahlen Probleme bereiten, auf: Schulbuchzentrum Online: http://www.schulbuchzentrum-online.de/magazin/magazin_artikel.php?id=435 [19.02.2012]

Bertelsmann Stiftung, Podium Schule 1.11: http://www.bertelsmann-stiftung.de/bst/de/media/xcms_bst_dms_34513_34514_2.pdf [19.02.2012]

VORTRÄGE

Freie Universität Berlin: MINT-Lehrertage 2013. Neue Ideen für den mathematisch-naturwissenschaftlichen Unterricht, Vortrag vom Prof. Dr. Christoph Selter am 15. Februar 2013.

Freie Universität Berlin: Lehrerweiterbildung Mathematik. Seminar Mathematik Didaktik. Kompetenzorientierter Mathematikunterricht, Vortrag von Bernd Knittel am 23. August 2012.

Freie Universität Berlin: Lehrerweiterbildung Mathematik. Seminar Mathematik Didaktik. Probleme des Anfangsunterrichts und mögliche Folgen, Vortrag von Maria Hums-Heusel am 18. Oktober 2012.

..